超级大课堂

CHAOJI DAKETANG

畅销版

电子与人类生活

DIANZI YU RENLEI SHENGHUO

知识达人 编著

成都地图出版社

图书在版编目（CIP）数据

电子与人类生活 / 知识达人编著 . — 成都 : 成都
地图出版社 , 2017.1（2021.6 重印）
（超级大课堂）
ISBN 978-7-5557-0365-5

Ⅰ . ①电… Ⅱ . ①知… Ⅲ . ①电子技术－青少年读物
Ⅳ . ① TN-49

中国版本图书馆 CIP 数据核字 (2016) 第 121056 号

超级大课堂——电子与人类生活

责任编辑：魏小奎
封面设计：纸上魔方

出版发行：成都地图出版社
地　　址：成都市龙泉驿区建设路 2 号
邮政编码：610100
电　　话：028－84884826（营销部）
传　　真：028－84884820

印　　刷：唐山富达印务有限公司
（如发现印装质量问题，影响阅读，请与印刷厂商联系调换）

开　　本：710mm × 1000mm　1/16
印　　张：8　　　　　　字　　数：160 千字
版　　次：2017 年 1 月第 1 版　印　次：2021 年 6 月第 4 次印刷
书　　号：ISBN 978-7-5557-0365-5

定　　价：38.00 元

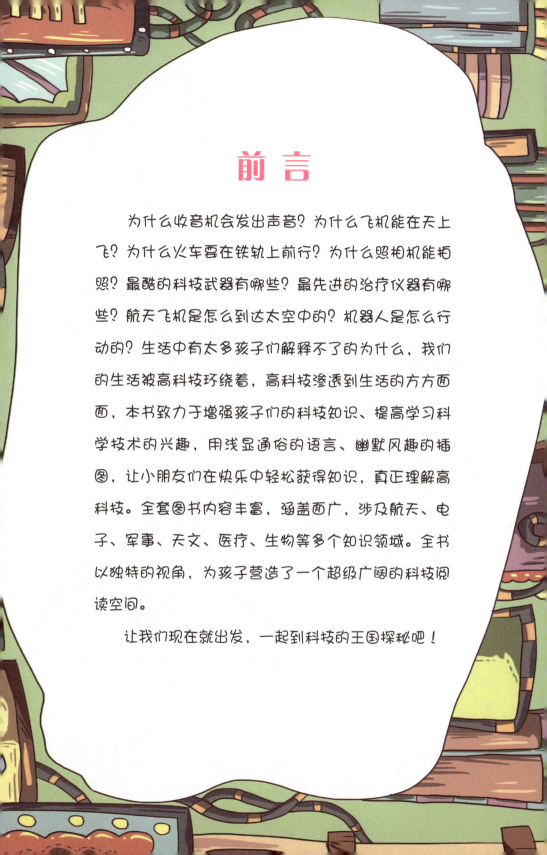

前言

为什么收音机会发出声音？为什么飞机能在天上飞？为什么火车要在铁轨上前行？为什么照相机能拍照？最酷的科技武器有哪些？最先进的治疗仪器有哪些？航天飞机是怎么到达太空中的？机器人是怎么行动的？生活中有太多孩子们解释不了的为什么，我们的生活被高科技环绕着，高科技渗透到生活的方方面面，本书致力于增强孩子们的科技知识、提高学习科学技术的兴趣，用浅显通俗的语言、幽默风趣的插图，让小朋友们在快乐中轻松获得知识，真正理解高科技。全套图书内容丰富，涵盖面广，涉及航天、电子、军事、天文、医疗、生物等多个知识领域。全书以独特的视角，为孩子营造了一个超级广阔的科技阅读空间。

让我们现在就出发，一起到科技的王国探秘吧！

目录

光盘为什么能记录那么多的信息

小朋友们一定都见过光盘吧。它圆圆的、薄薄的，像一块饼那么大。细心的妈妈也肯定嘱咐过小朋友们，断裂的光盘十分锋利，小心别被它割伤了手。其实，光盘和光碟是同一个东西，只是不同的地区叫法不同。光盘的一面是有颜色的，上面印有文字和图案，告诉我们这张光盘有什么内容；而另一面则覆有彩虹般的光线，亮得像一面镜子，爱美的小姑娘可能还会把它当镜子用，调皮的小男孩也可能朝着它吐吐舌头。

可是，小朋友们可别小看了这薄薄的一张光盘。光盘虽然都是圆圆的，看起来好像都差不多，其实里面的名堂可多着呢。总的来说，光盘分为只读光盘和可写入光盘。只读光盘就像小朋友们买来的书，书里的内容是固定的，不能再改变。而可写入光盘又分为一次写入的光盘和可擦除光盘：一次写入光盘只能把信息写入一次，以后就不能更改，就像小朋友们用圆珠笔在白纸上写字，写完一次就固定下来，不能再修改了；而可擦除光盘可以反复写里面的内容，就像小朋友们用铅笔写字，不满意了随时可以擦掉重写。

其实光盘就是一个存储器，它可以储存声音、视频、图片、文档、软件等等一系列的信息，比如优美动听的音乐、生动有趣的动画片、学

英语的视频课程等等，甚至你的照片、日记都可以存储到里面。

　　为什么薄薄的光盘可以记录这么多的东西呢？要了解光盘的记录原理，就得先弄清光盘的结构。不同类型的光盘，其制作工序和材料的选用略有不同，但基本的结构都是一样的，都是由基板、记录层、反射层、保护层、印刷层五部分组成。每一部分使用的特定材料并不相同，所发挥的作用也不相同。

　　基板是光盘中结构的基础，相当于镜子的玻璃。其他的四层结构都是附在它身上的。光盘的形状、薄厚、重量、坚固程度都是由基板来决定。因此基板材料的选用必须十分严格：不仅要透明度好、能承受较大的温度变化，而且还得韧性好、耐冲击、不易变形，同时由于跟大家密切接触，所以绝对不能有毒有害。目前做基板最常用的材料叫PC树脂，大家喝水用的太空杯就是这种材料制成的。

　　光盘的第二层是记录层，这一层是光盘最关键的部分，所有的数据都储存在这里。记录层是用特殊化学材料制

成的涂层，当激光束照射在上面时会发生特殊的变化，比如CD光盘的记录层会烧出一个个小坑。在刻录光盘时：光盘匀速转动，激光头沿着光盘的直径边移动边一灭一亮地照射，激光头灭时记录层不发生变化，而激光头亮时记录层就被烧出一个小坑。这些小坑的排列因为光盘的转动和激光头的移动而呈现出蚊香那样的螺旋形状。如果在这个螺旋上打上尺寸合适的小格子，就会发现有的格子有小坑、有的格子没小坑。现在假设有小坑的格子是"1"，没小坑的格子是"0"，我们就可以通过编码来用这"1"和"0"记录信息了。比如我们设定

"0001"是字母"a"，"0010"是字母"b"，依次类推就可以记录下汉语拼音或英文，再加上一次编码还可以转化成汉字。那照片和电影又是如何记录的呢？其实这还是一个编码的问题，大家都玩过魔术油画吧，就是把一幅画打上格子，注明每个格子的颜色来让大家涂色，光盘存储照片就利用了这样的原理：用一组编码来代表格子的位置，后面紧跟的一组编码来代表这个格子的颜色，这样一幅画面就变成数字了。大家都知道电影是通过每秒播放24格画面的方式动起来

的，所以转化的方式和画面也差不多喽。

光盘的第三层是反射层，其材料是纯度高达99.99％的银。当我们从光盘中向外读取内容时，激光头会向光盘发射激光束，激光束遇到反射层以后会被反射回来。因为在反射层前面还有一层布满小坑的记录层，激光束遇到有小坑的地方反射方向就会改变。通过激光束的反射情况，感应器读出记录层上小坑的排列情况，电脑就可以得到一组由"1"、"0"构成的数字，再通过与编码相反的步骤——解码，记录的东西就还原出来了。

而保护层和印刷层就简单多了。构成保护层的材料是一种比较耐磨的涂层，可以防止反射层和记录层被划伤损坏。而印刷层是印刷在保护层外的一层油漆，主要是对光盘的信息进行一些必要的说明，当然，对光盘也能起到一定的保护作用。

你知道吗?

蓝光

蓝光又叫蓝光盘,这里的蓝并不是指光盘的颜色,而是指这一类光盘是利用波长较短的蓝色激光读取和写入数据。蓝光的存储容量比普通光盘要大得多。

激光

激光是20世纪人类的一个重大发明。它有很多响亮的外号,有人把它称为"最快的刀"、"最准确的尺子"、"最亮的光",据说它的亮度是太阳光的几十亿倍呢。除了用于刻录光盘之外,在许多领域它都能发挥作用:它可以用于测量距离,可以用于切割物体,可以做成激光手术刀,可以用于矫正视力,甚至可以用于皮肤美容。

挟带大量信息的无线电波

小朋友们，你们知道吗？我们能听广播，看我们喜欢的电视节目，能用手机联系彼此，这都是无线电波的功劳。无线电波在我们的生活中扮演了至关重要的角色。

无线电波是电磁波的一种，它可以在空气和真空中传播，但是

谁也没有亲眼见过无线电波，因为无线电波是看不见也摸不着的。不过，也正是因为它的这个特点，科学家发现它的过程可称得上是大费周折呢。

　　说到无线电波的发现史，还得从电磁波的历史讲起。麦克斯韦是英国著名的物理学家，他和我们一样也没见过电磁波，但是却用自己渊博的知识、缜密的思考，积极去探索这个未知的领域，并预言了电

磁波的存在，建立了关于电磁波的理论。1864年12月8日，麦克斯韦向英国皇家学会递交了一篇论文，就是物理学史上的著作——《电磁场的动力理论》，在这篇论文里他发表了自己的研究成果。

但是，科学是客观、严谨的，一个理论能被科学界接受的前提是有证据能证明它的正确性。在麦克斯韦发表上述理论之后的二十年间，这个学说仅仅是被当作假说。科学家们永远不会满足于现状，电

磁领域在沉寂多年后，终于有了新的突破。

给电磁领域带来新气象的这个人就是赫兹。

赫兹是德国的著名物理学家，他通过实验证实了电磁波的存在。为了纪念赫兹在电磁领域做出的杰出贡献，频率在国际单位制中就是以赫兹为单位的。比如我们要重点学习的无线电波就是指频率在300G赫兹以下的电磁波。

但是，无线电波和手机、电视到底有什么关系呢？

我们看电视的时候，不管是爸爸爱看的球赛、妈妈爱看的连续剧、小朋友们爱看的动画片，还是其他的广告等，都包括图像信息和声音信息。但图像和声音并不是本来就有的，而是靠无线电波传播给电视的。小朋友们用手机给爷爷奶奶打电话，爷爷奶奶并不能直接听到小朋友们的声音，小朋友们说的话也要靠无线电波传播到爷爷奶奶的手机里去。

　　小朋友们可能又要问了，无线电波到底是怎么工作的呢？这个原理有点复杂，但小朋友们一定要有耐心哦！

　　导体就是能导电的物体，导体导电后就会产生电流。当我们让电流的强弱发生变化时就会产生无线电波。反过来，无线电波引起电磁场变化时，也会使导体中产生电流。无线电波能传播声音

或其他信号，就是利用了这个现象。具体的过程就是：我们通过调制将信息加载到无线电波上，当无线电波到达目的地后，接收的导体就会产生电流，再通过解调在电流变化中解读信息。我们来打一个比方，信息就像货物，无线电波就像货车，调制就是把货物装车，而解调就是将货物卸载。经过这一整个过程，我们就达到了信息传播的目的。

最后，请记住无线电波可以在空气或真空中传播，但是它在空中旅行的时候可没有闲着，因为它身上挟带着很多很多信息，它正在为人类的便利勤奋工作着呢！

电磁波

电磁波是一种能量传递的方式。比如往平静的池塘中扔进一块石头,就会产生水波,而石头砸水面的能量就会随着起伏的水波从能量强的地方传递到能量弱的地方,直到充满整个池塘,这就是波传递能量最直接的体现。

电磁波与水波十分相似,只不过它传播能量的方式不是借助水的起伏而是电或磁的转换。凡是带有电或磁的物质都会产生电磁波。事实上,所有物质都有电子存在,因此世界上没有不会产生电磁波的东西。

电磁波非常重要,我们看到的阳光、感受的热量,以及生活中各种能量和信号的传递都是以电磁波的方式进行的。

麦克斯韦

麦克斯韦是英国物理学家、数学家,在科学史上与牛顿齐名。牛顿的伟大在于他把天上和地上的运动规律统一起来,这是一次伟大的综合;麦克斯韦的杰出贡献就是把光和电统一起来,这是另一次伟大的综合。麦克斯韦是电磁学的创始人,为整个现代文明打下了基础。

你知道怎样预防电脑中病毒吗

随着互联网技术的发展，我们生活的时代成了一个信息爆炸的时代。电脑的普及让人们的工作学习、娱乐休闲越来越离不开它。但电脑病毒无孔不入，电脑用户随时都面临着它们的威胁。

小朋友们不禁要问了，电脑病毒到底有什么危害，怎么会让这么多人闻之色变呢？

实际上，电脑病毒大多是一个程序、一段可执行代码而已。它们虽然不能像生物病毒一样使人生病，却能使电脑生病。它们会毁坏文件，对一台家用电脑来说，这些文件可能是爸爸妈妈辛辛苦苦的工作成果，如果被毁了，后果可想而知该有多严重。有些电脑病毒还会释放大量的垃圾文件，把你的存储空间全部占满。它们还会自作主张地同时运行多个进程，导致你的电脑运行速度慢得像一只蜗牛，严重的时候甚至会导致死机。

它们被称为病毒的另一个可怕原因是它们可以像生物病毒一样快速复制，具有高度的传染性。电脑病毒一旦进入我们的电脑系统，就会马上和我们系统中的其他程序联系在一起，利用各种渠道传染出去，如U盘、硬盘、CD等移动存储设备都会成为它们的传染载体。此外，一般的电脑都是与互联网接通的，电脑病毒会利用互联网传播，可能波及到整个网络。这意味着它们一旦蔓延开来，受害范围将会非常大。如2007年肆虐网络的病毒——"熊猫

16

烧香"，曾经破坏过百万台电脑，给无数企业、个人造成难以估量的经济损失。

病毒除了会破坏、会传染，还很会"躲猫猫"。它们一般短小精悍，藏在其他程序中很难被发现，而且还很顽固，常常难以根除。此外，电脑病毒十分狡猾，它们还会时不时地上演一场"变装秀"，把自己伪装成系统文件来迷惑用户。所以，对付病毒最重要的还是未雨绸缪，那小朋友们应该怎么预防电脑中病毒呢？

首先，你得给你的电脑安装一款杀毒软件。对电脑来说，杀毒软件就像一件盔甲。如果让电脑不穿盔甲，直接暴露在网络世界中，无异于让一个士兵在战场上裸奔。大家想想看，那该有多危险啊。当然，安装了杀毒软件后，你并不能就此高枕无忧了，你得养成定时进行全盘木马扫描和杀毒的好习惯。此外你还要安装实时监控软件，一刻不放松地盯着，防止浏览器被异常修改、系统被安装恶意插件……同时别忘

了及时更新杀毒软件和实时监控软件以及病毒库，因为网络上随时有可能出现新病毒或病毒的变种。

其次，小朋友们要记得安装个人防火墙软件，个人防火墙是位于电脑和它所连接的网络之间的硬件或软件。个人防火墙是一项防止电脑内部信息被外部攻击的技术，主要用于应对黑客攻击。

除了安装杀毒软件和防火墙软件，并及时更新它们外，另一项需要及时更新的是系统补丁。我们所使用的系统不可能是完美的，它总

是存在一些漏洞，而电脑病毒就是利用这些漏洞向电脑发起攻击。补丁，顾名思义就是对漏洞的弥补。对于此类攻击，我们的应对措施就是依据我们所使用的不同系统，到对应的官方网站去下载安装上面发布的补丁，不给病毒以可乘之机。

这些都是预防电脑中病毒的基础工作，一般的电脑用户都能做到。除此之外，最保险的防护就是养成良好的使用习惯。

一、对一些来历不明的邮件和邮件所带的附件，我们不要轻易打开。有一类网络病毒专门利用电子邮件攻击，打开附带的文档需要启动相关程序，那么病毒就会乘机侵入电脑，同时在电脑内传染开来。如果怕错过有用的信息，谨慎的做法是：将附件下载保存，经杀毒软件检查没有问题之后再打开。

二、不要随便点开链接，因为不安全的站点也可能让你的电脑遇到攻击。实际上，我们可以从网上下载一些专门帮我们检查网站是否安全的软件，如果是危险的站点，它会事先给出警告。

另外，无论是从互联网上下载的软件，还是插到电脑的可移动存储设备，在打开前都要经过防病毒软件的扫描。还有一类病毒是通过

猜测简单密码的方式攻击系统，我们设置密码时如果选择比较复杂的密码就可以极大地提高我们电脑的安全指数。

但是，防病毒软件对病毒的检测可能有漏网之鱼，反病毒是对付病毒的手段，只有在病毒出现之后，才会出现对症下药的反病毒手段，所以病毒相对于反病毒永远是超前的。因此，对于特别重要的数据我们要经常备份，这样即使遭遇病毒，我们就能将损失降到最低。

你知道吗？

360

在数学课上，360是位于359和361之间的一个自然数，但是360除了是一个数字之外，在网络时代有一个更广泛的意义，它代表的其实是一家互联网公司。这家公司的全称是北京奇虎科技有限公司，这家公司经营的业务和产品正是和网络及计算机安全有关。它旗下推出了360安全卫士、360杀毒、360安全浏览器、360保险箱、360软件管家、360网页防火墙、360手机卫士、360极速浏览器等一系列产品，这些产品致力于维护用户的网络安全，而且都是免费的。而瑞星则是它在国内最直接最强大的竞争对手，是一家生产类似产品的公司。

移动存储设备

电脑的磁盘一般分为四个区，分别叫作C盘、D盘、E盘、G盘，如果我们把数据存放在电脑上，就是存放在这些区，存放在电脑的硬盘上。但在硬盘的下面还有一个"可移动存储设备"，之所以称为可移动存储是因为电脑硬盘永远和电脑绑在一起，而可移动存储设备可以在不同设备之间灵活移动使用。常见的移动存储设备有U盘、手机存储卡、MP3、光盘等等。

什么是蓝牙

一个人正在开车，此时一个电话打进来了。只见他按下接听键，既没有拿起手机，也没有插上耳机就开始说话了。这是怎么回事呢？如果大家仔细观察他的耳朵的话，就会发现上面戴着一个装置，就是这个装置让他不用耳机也能听到对方说话。那么，耳朵上的这个装置到底是什么呢？

小辉在听歌，小郭觉得非常好听，但他的手机里还没有这首歌，小辉就直接传送给小郭了。他既没有使用数据线连接到电脑上，也没有用彩信。那么，他们的手机为什么能直接传送歌曲呢？

要解释上述两个场景，小朋友们需要了解一个名词：蓝牙。简单地说，蓝牙技术就是一种大容量、近距离的无线传播技术。

小朋友们可以在手机、电脑、数码相机之间转移过数据，比如把电脑上好听的歌下载到手机中，就可以随时随地享受音乐盛宴；把数码相机中的照片存储到电脑中的某个特定文件夹中，就可以根据自己的喜好修改照片；而电脑和电脑之间则通过网络连接，这就是不同电子设备之间的数据传送。但是在进行上述数据转移时，都很不方便；因为我们要用上各种各样的连接器，如电

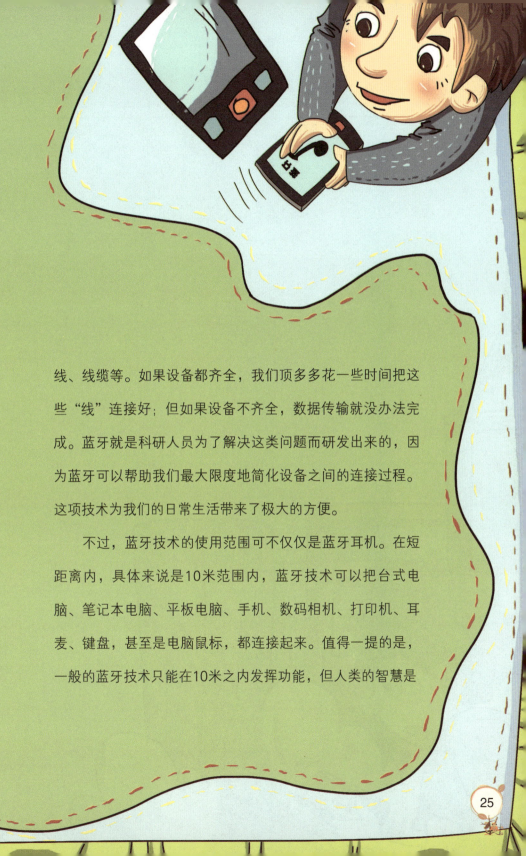

线、线缆等。如果设备都齐全，我们顶多多花一些时间把这些"线"连接好；但如果设备不齐全，数据传输就没办法完成。蓝牙就是科研人员为了解决这类问题而研发出来的，因为蓝牙可以帮助我们最大限度地简化设备之间的连接过程。这项技术为我们的日常生活带来了极大的方便。

不过，蓝牙技术的使用范围可不仅仅是蓝牙耳机。在短距离内，具体来说是10米范围内，蓝牙技术可以把台式电脑、笔记本电脑、平板电脑、手机、数码相机、打印机、耳麦、键盘，甚至是电脑鼠标，都连接起来。值得一提的是，一般的蓝牙技术只能在10米之内发挥功能，但人类的智慧是无穷尽的，科技发展是永不止步的，早就有科学家通过改良将蓝牙的使用范围扩大到100米，只是我们日常生活用不到这么远的距离，所以这项新技术只用在一些特殊的场合。小朋友们是不是觉得非常神奇？那蓝牙技术是怎么实现这种连接的呢？

我们已经学习了无线电波，而且还知道了我们可以利用无线电波传播信息，我们的手机之间也是靠无线电波实现通话。其实，蓝牙技术利用的也是无线电传播技术，但是为了避免蓝牙发射器所发射的无线电波与其他电子设备发射的无线电波之间互相干扰，蓝牙技术发送的是低功率的无线电波，传送的信号非常微弱。另外利用无线电波，即使隔着一堵墙，也不影响信息的传送，这意味着即使在不同房间，我们也可以实现无线连接。

　　细心的小朋友可能开始担心一个问题，在10米之内就可以接收信息，如果在公共场合，10米范围内还可能有其他人，那我们传送的信息是不是很可能被窃听？我们传送的信息可能是私密的，不想公开，那我们该如何保证所传送信息的安全呢？

　　这个问题，蓝牙设备的制造商也想到了。当其他设备试图与我们建立蓝牙传送关系时，我们可以自主决定是否允许这次连接。为了方便起见，那些经常与我们通过蓝牙分享信息的设备，我们可以将它们设置为"可信任设备"，之后相互之间不需要请求就可以直接进行数据交换。此外，为了彻底避免与无关的蓝牙设备连接，我们可以把蓝牙传送设置为"隐藏"模式。这些措施都大大提高了蓝牙传送的安全指数。

最后，小朋友们可能还会对一个问题心存疑虑：为什么这项数据传输技术会被称为蓝牙呢？蓝牙难道是指蓝色的牙齿？是的，蓝牙的意思就是蓝色的牙齿。10世纪末，在安徒生的家乡丹麦有一个国王，据说他喜欢吃蓝莓，牙齿总是带着蓝色，因此他的名字叫哈拉德·蓝牙。可是，这个国王的名字为什么会被用来给这项技术命名呢？

　　这个问题可得从蓝牙技术的发明说起。蓝牙技术是由瑞典的爱立信公司研发的，这家公司早在1994年就开始研发这项技术了。四年后，爱立信公司联合诺基亚、IBM、东芝、英特尔这四家同样著名的跨国公司组成了一个特别兴趣小组，目标是研究出一种短距离、低

成本的无线传送技术。新技术研发成功后，需要一个极具表现力的名字，经过讨论，技术人员认为蓝牙国王的名字非常适合，原因有两个：第一，蓝牙国王能说会道，非常善于与人沟通，如同这项使信息传送更通畅、更方便的新技术；第二，蓝牙国王是北欧人，爱立信是瑞典的公司，诺基亚是芬兰的公司，这两个国家都属于北欧。以蓝牙命名新技术正是彰显了北欧通信公司对通信业做出的杰出贡献。

IBM

IBM是一家信息技术公司，曾经是计算机界的龙头老大。它服务的范围遍及160多个国家和地区，是一家规模巨大的跨国公司，总部在美国纽约州的阿蒙克市。它的历史可以追溯到1911年，在公司创立的最初几十年里，它主要经营打字机、文字处理机等。后来计算机开始高速发展，IMB的业务核心就成了计算机和计算机相关服务，并且其技术发展水平一直走在世界前沿，它是计算机产业的领跑者、当之无愧的计算机界的"巨人"。2005年，联想集团收购了IMB的PC（个人电脑）业务。

没有胶卷的数码相机

小朋友们喜欢拍照吗？当品尝到美味的食物，碰到有趣的玩具，看到美丽的风景时想不想用相机把它们拍摄下来作纪念？

相信小朋友们一定有很多这样的照片，并且都是用数码相机照的。你们可能会觉得用数码相机拍照是很自然的事，但是在你们的爸

爸妈妈小的时候，可没有这么方便呢。那时用传统相机拍照可得备上充足的胶卷呢。当时相机和胶卷的关系就像弓和箭一样：弓将箭射出去，箭才能射中靶心，弓和箭是一体的；相机和胶卷也一样，真正记录下画面的是胶卷，但是胶卷只有通过相机才能留下美好的景象，两者配合才能拍摄画面，谁也离不开谁。而且拍摄之后呈现在胶卷上的还不是最终的照片，要想得到生动形象的画面还必须经过一个程序：冲洗。这是因为传统的相机是通过光线引起胶卷发生化学变化来记录图像的。

那么和传统的胶卷摄影相比，数码摄影有哪些优势呢？首先，用数码相机拍摄，拍完之后马上就可以看到最终画面，如果不满意的话，随时可以删除重拍，直到得到我们自己满意的效果。而使用胶卷相机拍摄，你必须等相片冲洗出来后，才能看到最终的效果，你没办法在拍摄过程中检查相片的质量，如果出了什么问题也往往因为场景无法再现而造成永远的遗憾。其次，用传统方法拍照时，除了买相机的费用，每次拍照还要购置新的胶卷。限于胶卷的价格以及携带太多胶卷外出不方便，我们就不能尽情地拍照，因为我们必须考虑到胶卷的数量问题。不仅如此，胶卷的质量也会直接影响到冲洗后的画质。我们除了购买胶卷，还要在冲洗照片的时候再付钱。因此购买相机后，每次拍照都是一次新的消费。但是数码相机拍照就简单多了，拍照时我们只需带上相机就OK了，不会有多余的附加费用。最后，数码相片可以直接传到电脑上保存或发布到网上分享，我们甚至可以用相关的软件编辑照片，使照片更加完美。如果我们喜欢的话，一样可以将相片冲洗出来。传统相片必须经过扫描等过程才能变成电子数据，并且传统相片很

容易因为受潮而毁坏。

但由于传统的胶卷摄影拍摄的画质优于数码相机，在摄影的专业领域还会有专业的摄影师使用它。不过总的来说，它已经在慢慢淡出历史舞台。况且数码相机的成像技术还在不断地发展，经过技术革新，总有一天它会获得完美的成像效果，到时候胶卷相机就只能是躺在博物馆里的老古董了。

简单来说，数码相机相比胶卷相机更具优势：它即拍即现，即拍即有，使用成本低，相片方便保存，相片也更利于分享和后期编辑。此外数码相机也更小巧轻便，容易携带。

小朋友们是不是觉得"不比不知道，一比吓一跳"，有没有感觉到生活在科技高速发展的今天是一件非常幸运的事情？

小朋友们要永远记得，科技改变了我们的生活，但每一步改变都是科技工作者们辛劳工作的结果。今天的数码相机在全球范围内普及，它简直成了引领时尚、居家必备的实用工具。它抢占了传统相机的市场，甚至开始涉足专业摄像领域。

　　小朋友们肯定不知道，最早的数码相机可不是用在日常生活中的娱乐休闲工具，也不是用于艺术创作，而是用于最尖端的航天领域。20世纪60年代，美国宇航局打算将宇航员送到月球，对月球表面进行勘测。但让工程师们十分烦恼的是探测器传送回来的模拟信号和宇宙中本来存在的射线混合在一起，信号变得十分微弱，接收器根本没办法将受过干扰的信号还原成清晰的图像。直到1970年，美国的贝尔实验室发明了数码图像技术才终于解决了这个问题。美国宇航局就利用

数码技术拍照再通过卫星给地面传送照片。后来，数码技术才慢慢地从军用转换成民用。

时至今日，数码相机家族已经发展出很多成员。数码相机分为卡片机、长焦相机、单反相机、微单反相机。

卡片机就是因为其形状类似于卡片而得名的数码照相机。这个名称其实只是在强调这种相机很轻薄，但实际上并不是真的只有卡片那么薄，也就是说卡片机最大的优势是它非常轻巧，便于携带。但是，这既是卡片机的优点，也是卡片机的缺点。因为卡片机非常轻巧，体积不大，所以相机的镜头没办法做大，这一点大大地限制了所拍照片的质量。所以卡片相机的成本相对低一些，价格也比较便宜。

长焦相机，顾名思义，就是配备长焦镜头的数码相机。长焦数码

相机的特点其实和望远镜的原理一样，相机内部镜片的移动可以改变焦距。我们可以利用长焦相机拍摄远处的物体，可以是远处的景色，也可以是一只停在远处、但你一靠近就会飞走的鸟儿。

单反相机，全称是单镜头反光照相机，也就是只用一个镜头反光

取景的数码相机。"单镜头"的意思就是摄影的曝光光路和取景光路共用一个镜头。这是一款省时省力的设计产品，它在取景和调焦上都十分方便。

　　微单反相机则是介于数码单反相机和卡片机之间的一种数码相机。简单来说，它是便携性和专业性相结合的数码相机。它没有传统单反的笨重，而更接近于卡片机的轻便小巧。但它又不像卡片机那么不专业，微单反相机的成像画质可以达到和单反一样好的效果。

你知道吗?

胶卷

胶卷叫作底片或者菲林,是一种成像的材料。不知道小朋友们喜不喜欢在吃面包时抹蜂蜜,一般胶卷的做法和蜂蜜面包的吃法有点类似呢。我们将一种叫作聚乙酸酯的材料做成片状,就像面包片,然后将卤化银均匀地涂抹上去,就像把蜂蜜抹在面包上。胶卷做好之后是软的,因此我们买到的胶卷都是卷成一整卷的。拍照的时候,我们让光线照射到卤化银上面,卤化银就会发生化学反应,变成黑色的银。但这样只能得到黑白的照片。要想得到彩色的照片需要细心地涂抹三层卤化银哦。

数码相机伴侣

一般喜爱长途旅行的摄影爱好者往往选用高像素的数码相机,力求拍出完美的画面。相片的数量和高质量使得数码相片的存储有很大的压力,多加几张存储卡确实可以增大存储空间,可是那么多张储存卡整理起来相当麻烦。为了解决这个问题,数码相机伴侣应运而生。它实际上是便携式的大容量数码照片存储器,而且可以将数码相机中的数据直接传输过来,非常方便,难怪叫"数码相机伴侣"。

对于家电，你知道多少

家电在日常生活中随处可见，但小朋友们可能并没有好好地注意过它们。现在，请小朋友们闭上眼睛想象一下，自己正置身房子里，你都看到了什么电器呢？电视机、洗衣机、吸尘器……是不是家里的各个角落都有它们的身影？因为小朋友们的爸爸妈妈是根据不同的需求去购买家电的，所以小朋友们在家里并不能找到所有的家电类型。为了让小朋友们对家电有

一个全面的了解，我们将采用分类的办法对家电来一次"沙场点兵"，这样不管是家电里的大块头还是小部件都不会漏掉了。

真想知道，小朋友们会在哪个季节与这本书相遇：你是围着围巾、穿着羽绒服、戴着手套来翻看这本书呢？还是刚啃了西瓜、吃过雪糕、避开室外的毒太阳、窝在家里阅读呢？我们每一年总有一段时间要和严寒酷暑做斗争，只是生活在现代社会的我们已经不用像古人一样生火取暖、扇扇子消暑。有一类家电大大提高了我们居住环境的舒适程度，我们把它们称为空调器具，这一类家电的功能就是调节室内的温度、湿度，过滤空气，使空气更加清新。具体来说，这类家电包括电风扇、空调、加湿器、空气净化器等等。

但说到温度，我们还要提到另外两类家电。一类是制冷器具，一类是取暖器具。和空调器具不同的是它们改变的不是整个室内的温度，而是局部区域的温度。取暖工具就是把电能量转换成热能量的家电，电加热器让我们聊天、看电视、做作业、吃饭的时候不会手脚冰冷，电热毯可以在冬天给我们一个暖暖的被窝。而制冷工具可以产生低温来冷却和保存食物，一说到这里，小朋友们肯定就想到冰箱了。冰箱可以让食品保存得更久，妈妈就不用辛辛苦苦地每天出去买菜了。

说到冰箱，小朋友们可能想到厨房了。厨房里都有哪些电器呢？妈妈可以用电磁炉变着花样炒出各种美味的菜肴；一打开电饭煲，总是有香喷喷的米饭；而微波炉里可能正热着一只烤鸭呢！除了厨房，还有哪些家电是妈妈做家务的好帮手呢？洗衣机把全家的衣服洗得洁净如新；吸尘器对家里的灰尘从不心慈手软；电熨斗把爸爸的衬衫熨得平平整整……

还有一些小家电可以帮我们塑造靓丽的外形，比如可以吹出好看发型的电吹风和爸爸的电动剃须刀；身体是革命的本钱，健康是我们一切活动的基础，热衷健身的家庭可能会有一台跑步机；用来休闲娱乐的家电就更多了，比如收音机、电视机、电脑、电子乐器、电子游戏机等等。最后不能漏掉的一类家电就是照明器具，没有各种各样的灯，我们的生活可就"暗无天日"啦！

家电让我们的生活更加丰富多彩，也更加方便快捷，可是如果操作不得当，这些好帮手也可能变成"杀手"，威胁我们的生命安全。我们要保护自己不受家电的危害，也要维护好家电，让它们更好地为我们服务。

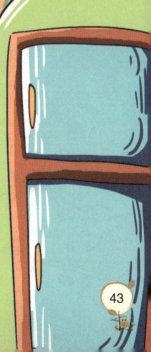

首先，触电是非常危险的。家电，当然都是以电为动力的，它们必须通电才能工作。而触电会严重危及人身安全，触电后人们可能摔倒、昏迷，甚至死亡。避免触电要养成良好的习惯，如千万不要用湿的手去拔插头。

其次，我们要避免家电温度太高。温度太高可能导致家电变形、损坏，甚至引发火灾，威胁我们的生命安全和财产安全。

具体来说，使用家用电器时都有哪些注意事项呢？

移动电器的时候，我们必须断开电源，由于家电的内部结构非常精密，我们移动的时候要尽量做到轻拿轻放，摆放后还要检查是否放稳，避免家电因为摇晃、碰撞、放倒等导致其损坏。

　　我们的家里有各种各样的电源插座，不管是两个孔的还是三个孔的，孔里总是黑洞洞的，里面有什么根本看不清。很多小朋友很想一探究竟，但是千万不要用手或能导电的物体（比如铁丝、别针、钉子等金属制品）去挖电源插座的内部，这样会有触电的危险；还有一些动手能力强的小朋友，可能会自己动手拆卸和安装电器、插座，此时一定要注意安全。要记住：不管做什么，一定先切断电源，并且在家长的监督和指导下进行操作。如果想知道电源插座或一些家电的内部

结构，小朋友们可以去问老师，问爸爸妈妈，还可以查阅书籍，或者直接上网查找资料。因为不管怎么样，安全是最重要的。另外，大家不要用湿漉漉的手去触摸电器，帮妈妈做家务的时候，也记得不要用湿布擦拭电器表面。

同时小朋友们要养成好的习惯，电器使用完之后应该拔掉插头，给电器断电，电器失去动力也就能安分守己了。另外，插插头和拔插头时，不要用力拉拽电线。电线表面的绝缘皮把电线包在内部，我们对待电线如果太粗鲁可能会导致绝缘层破损，电线里的电就会跑出来威胁我们的安全了。关于这一点，小朋友们还得提高警惕，因为电线的绝缘皮还可能因为老化而剥落，小朋友们一定要细心观察，随时报告爸爸妈妈，提醒爸爸妈妈更换新的电线或者用绝缘胶布把损坏部分包好。

　　家电的种类多种多样，是我们日常生活的好帮手。小朋友们在享受方便的同时，应该注意安全，不仅要维护好家电，让它们拥有更长的使用寿命，还要保护家人免受家电的伤害，做家电真正的小主人。

你知道吗？

人为什么会触电

人之所以会触电是因为人体中有大量的水分，而这些水分中含有大量导电物质，因此电流可以通过人体。触电对人体的影响因电流强度、持续时间等因素的不同而不同。轻微的触电可能只是让人感到发麻，严重的触电可能使人出现痉挛、窒息、心脏骤停，甚至直接死亡。

DV

数码摄像机，简称DV，是获得动态影像的工具。数码摄像机可以帮助我们将生活记录下来，比照相机更加生动有趣，所以现在有很多的DV拍摄爱好者。小朋友们，你见过爸爸妈妈的婚礼视频吗？爸爸妈妈有没有用DV记录下你成长的关键时刻？比如出生的时候、学会爬的时候、学会走路的时候、拔第一颗牙的时候、第一天上学等等，等你长大了再来看这些东西，一定特别有意义。DV虽然个头不大，但也是家电大家庭中的重要一员哦。

什么是传感器

小朋友们都知道，正常人都有五感，即听觉、视觉、味觉、嗅觉、触觉。有了听觉，我们才可以听美妙的音乐，才可以和朋友聊天，才可以听爸爸讲故事，当然也

会听见恼人的噪声；有了视觉，我们才可以判断交通信号灯，避开迎面驶来的汽车，才可以感受房间的明暗变化；味觉会告诉我们酸甜苦辣咸，还能帮我们分辨入口的食物是什么以及是否已经坏掉；有了嗅觉，我们才可以闻花香，闻到煤气泄漏的气味，从而有效防止中毒。我们的五感会告诉我们很多信息，这些信息可以用作日常判断，也可以用于一些简单观察。但是在深入研究自然现象和规律时，它们却显得心有余而力不足。

这是什么意思呢？这就是说靠人类的感觉器官无法观察浩瀚的宇宙，也无法观察微观的粒子世界。此外现代科学技术不断发展，将开发出很多新能源和新材料，为了深化对新事物的认识和研究，我们需要进行一些极端环境的测试，比如超高温、超低温、超高压、超强磁场、超弱磁场、真空，这些根本不是人体能够适应的环境，人的感官根本不可能捕捉到这些信息。还有一点，即使是人类可以感觉到的

信息，我们的大脑也只能得到大概的范围，却不能得到准确的参数，比如我们能感觉温度是高还是低，但温度到底有多少度却超过人力所及。为了解决这个问题，让人们能在人力所不能达到的领域从事生产和研究，我们需要各种灵敏的传感器。

那么，什么是传感器呢？传感器是一种能够探测外界信号、各项环境指数的一种物理检测装置。它不仅能获得外界的信息，还能将这些信息按照一定的规律转换成电信号，进而转换成各种数据输出。其他设备得到数据后，就可以对其做存储、显示、记录、控制等各种处理。简单来说，传感器就是人类五官的延伸，因此我们把它们称为"电五官"。

这些传感器到底有什么神奇的应用呢？

在传感器的多种应用中，最接近小朋友生活的例子应该就是楼道里的声控灯了。没有声音的时候，声控灯是不亮的，只要楼道里出现人的脚步声、聊天声、咳嗽声等声响，声控灯就自动亮了。有趣的是，白天光线充足的时候，不管你发出多大的声音，跺脚或者放鞭炮，聪明的声控灯也绝对不会亮。这是因为声控灯是由声、光同时控制的，因此确切地说声控灯应该被称为声光控制灯。

声光控制灯最大的优点就是省电省力，当没人经过的时候，灯是不亮的，当有人经过的时候，它才会亮起来，这就避免了无效照明对电力的浪费。同时，用声音和光线来控制开关，人就不用在黑暗中摸索开关，也不会存在忘记关灯这种失误。因此这种声控灯常常用于街道、宿舍走廊、大楼楼道和其他一些公共场所。

小朋友们肯定又疑惑不解了：声光控制灯为什么会这么神奇呢？这一切都要归功于我们之前提到的传感器。在声光控制灯中有两种传感器：声敏电阻和光敏电阻。声敏电阻负责感应周围的声音，光敏电阻负责感应周围环境的明暗。电路呢，就是电流走的路，只有电流畅通无阻的时候，声光控制灯才会亮。声敏电阻和光敏电阻被安装在声光控制灯的电路中，相当于路上的两个保安。当光线充足的时候，光敏电阻这位保安就会阻碍电流的通过，电流通不过光敏电阻，电路就是断开的，控制灯不管有没有声音都不会亮。当光线不足时，光敏电阻就让电流通行。这时候如果没有声音的话，声敏电阻这位保安还是不会给电流放行，电流受到阻碍，灯还是不会亮。如果这时候有声音的话，声敏电阻就会给电流放行，电流就能在控制灯的电路中畅通无阻，灯也就亮了。

小朋友们是不是觉得很有趣？下面还有更有趣的内容，小朋友们一定听过《阿里巴巴和四十大盗》的故事。故事里有个洞穴，洞穴里面装着大盗们抢来的无数金银财宝，你只要念一句"芝麻开门"，门就自动开了。在科技高速发展的今天，自动门早就不是什么天方夜谭了。我们可以在商场、酒店、银行等公共场所体验到这种神奇的发明。而且我们也不用记住什么咒语，只要我们走近自动门，门自动就开了。

　　自动门能够这么自动，也是传感器的功劳呢！自动门中的传感

器是红外线传感器。红外线是一种人的眼睛看不见的光线。自然界中的任何物体只要温度超过绝对零度，也就是零下273.15摄氏度，这个物体就会以电磁波的形式向外辐射能量，温度越高，辐射的能量就越大，而各种电磁波中，红外线的热效应最明显。红外线传感器就是一种能将红外线转换成电信号的传感器。人的体温一般维持在37摄氏度左右，因此人体会发射一种红外线，自动门中的红外线传感器对这个温度下辐射的红外线特别敏感。人一接近自动门，自动门中的红外线传感器就会捕捉到"有人来了"的信息，门就开了。

湿敏传感器

湿敏传感器就是对空气湿度敏感的传感器。这种传感器表面覆盖着一层感湿材料,可以吸附空气中的水蒸气,从而改变湿敏电阻的阻值,进而用来测量空气湿度。

压敏电阻

压敏电阻就是电阻会随着电压大小发生变化的一类传感器。它们可以把电压限制在一定范围内,用于保护电路。

你了解太阳能电池吗

小朋友们可能听说过"新能源"这个词，现在各国都很重视新能源，特别是对清洁能源的研究，如核能、风能、太阳能等。尤其是太阳能，太阳能电池的发明让人类欢欣鼓舞，看到了新的希望，太阳能是目前最活跃、最具潜力、发展最快的能源。

你们可能见过使用太阳能电池的计算器，它不需要安装电池，甚至没有开关，只要有充足的光它就能一直工作下去。你们可能还见过

相对来说大得多的太阳能电池板，在紧急交通标志、浮标、公共电话亭、停车场，甚至电源指示灯上都可能会有它们的身影。你和邻居家里可能也都安装着太阳能热水器。在我们看不见的太空，太阳能还被装在人造卫星上，为它们长期供电。世界上很多追求环保的建筑师还把太阳能电池板融合在他们的建筑设计中，甚至一些游艇都以太阳能电池板作为遮阳板。国外一些国家还发明了小巧的电动车太阳能充电站。

小朋友们，你们了解太阳能电池吗？太阳能电池到底是怎么工作的？目前太阳能电池被应用在哪些领域？太阳能电池的开发到底遇到了什么障碍，为什么至今很难在普通家庭中普及？如果你对这些感兴趣，那么欢迎来到太阳能电池的世界。

太阳能这种新能源为什么引起了这么广泛和持续的关注呢？因为太阳能的前景是非常诱人的，除了南北极出现极夜的现象，地球上的每个地方每天都能接受到太阳的照射。在阳光明媚的晴天，太阳向地球表面辐射的能量，平均每平方米高达1000瓦。如果我们能够将这些能量收集和存储起来，那将是一笔多么巨大的财富。太阳能清洁干净，不会排放任何污染，而且取之不尽、用之不竭，同时利用太阳能来发电还是完全免费的，因为太阳公公绝对不会跑到地球来收费。

太阳能电池有很多种，比较常见的、发展比较完备的是硅太阳能电池。硅是一种半导体，半导体在光照下会产生光电效应，将光能转换成电能。太阳能电池的原理实质上就是半导体的光电效应，所以太阳能电池一般以半导体为材料。

太阳能电池面临的最大问题有两个：其一是太阳能电池晚上不能发电，阴天雨天由于云层的阻隔，它们的发电能力也比较弱。这个缺点应该怎么克服呢？科学家经过研究想出了三种解决方式。首先，我们只把太阳能电池当作一种补充电力。日常的供电依然依靠传统电力，保证电力供应的不间断。在太阳能电池能良性运作的时间段内则

让太阳能电池尽力工作，来缓解电力网的尖峰负担。虽然太阳能电池暂时难当大任，但这种安排也比单纯使用传统电力的成本低。其次，可以把白天的太阳能转换成能量的其他形式存储起来，到晚上再把存储的能量释放出来。常用的方法有飞轮装置、压缩空气、蓄电池、发电厂等等。第三种方法是最尖端也是最高明的。目前，美国和日本正在合作一个项目，名称是"卫星太阳能发电厂计划"。工程师们打算在太空中找到一个能够连续不断接收太阳光的地方，然后往这个地方发送装载着太阳能电池的卫星，接着让这个卫星留在太空中为地球吸收太阳能来发电，最后把电能以微波的方式传回地球，地面接收到这部分能量后，再利用特定的装置把微波转化成电能，造福四方。这样一

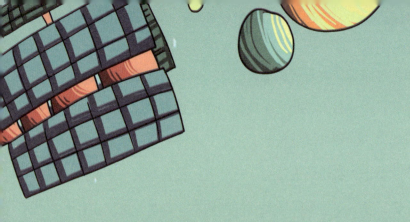

来，太阳能不仅不受昼夜的影响，连温差、气候的干扰也排除了。这是一个非常大胆的计划，目前还在紧张的研究开发中。

太阳能面临的第二个困境就是：目前太阳能电池的成本非常高。也因为如此，太阳能电池虽然大受追捧却一直没有在大众家庭中普及。

但没有什么能阻挡太阳能技术的发展脚步，这个能源界的新宠儿在未来一定会给我们带来更多精彩。

你知道吗?

温室效应

温室效应是地球大气保温效应的俗称。现代工业社会中煤炭、石油、天然气的燃烧量非常巨大，释放出大量二氧化碳，而二氧化碳具有吸热和隔热的功能，它就像给地球穿上了棉衣，地球受到太阳辐射的热量无法散发到宇宙中，所以地球表面温度上升。

硅

硅是重要的半导体材料，是制造太阳能电池的原料。硅元素在地壳中的含量非常高，仅次于氧，居于第二。美丽的水晶、玛瑙和普通的沙子都属于硅石。

防止电磁污染有方法

现代社会，科技高速发展，彻底地改变了我们的生活。但科技是一把双刃剑：随着各项电磁波技术的普及，电器使用越来越广泛，我们也被暴露在了由电磁波组成的密集的网络当中，时时刻刻饱受着电磁波对身体的侵蚀。由于电磁波都是不可见的，很多人把看不见当作

不存在而掉以轻心。小朋友们，想不想学习关于防辐射的知识，然后用所学的知识去保护自己和身边的亲人呢？

我们要成为防辐射的斗士，首先就要侦察敌情，搞清楚我们的敌人——电磁辐射。

电磁辐射污染还有一个外号叫电子雾污染。这种污染可以通过多种渠道产生。为我们输送高压电的高压电线会产生电磁辐射，为我们播放各种节目的无线电台和电视台会产生电磁辐射，用于科学研究测量的各类电子仪器会产生电磁辐射，帮助医生救死扶伤的医疗设备也会产生电磁辐射，家里的微波炉、收音机、电视机等家用电器也会产生电磁辐射。这些污染源产生的电磁波频率是不同的，却都对我们产生了危害。

那到底这看不见、摸不着却神通广大的电磁波有什么杀伤力呢？

最容易受到威胁的就是我们的视觉系统。眼睛是我们心灵的窗户，但眼睛是一种非常脆弱的器官，它对电磁辐射十分敏感。平常的电磁辐射会让眼睛容易疲劳，长期的电磁辐射或者过高的电磁辐射会导致我们的视力下降，严重的时候会引发白内障。

我们的心血管系统也会受到电磁辐射的伤害。小朋友们都知道，一般判断一个人是否活着就是看他还有没有心跳，可见心脏对我们来说是多么的重要；但在高电磁辐射下，人的心跳会变慢，容易心悸，血管中的白细胞数量会减少，从而使免疫功能下降，严重的时候还会导致失眠。而做过心脏手术、胸腔里装着心脏起搏器的病人更是要慎

入高辐射的场所，因为电磁辐射会影响心脏起搏器的使用，严重时甚至会危及生命。

人的生殖系统也不能幸免。生殖系统受电磁辐射影响的直接后果就是妈妈生不出健康的宝宝。而孕妈妈更是不能暴露在电磁辐射当中，因为电磁辐射会导致胎儿畸形，电磁辐射过高的情况下还可能引发流产。

更可怕的是，电磁辐射会诱发癌症。即使在医疗技术高速发展的今天，癌症仍然是让人闻之色变的绝症，它轻而易举就可以夺走一条生命。而电磁辐射会影响人体各个系统的正常功能，大大提高癌症的发病率；在人体细胞癌变后，电磁辐射还会加速癌细胞的分裂，使癌细胞扩散得更快。瑞典的一项研究资料告诉我们，住所附近有高压线的人群，患乳腺癌的概率比其他人高7.4倍。来自美国的一项调查

指出，在高压线附近工作的人，癌细胞会疯长，速度居然比其他人快24倍。电磁辐射不但会诱发癌症，还会加重癌症患者病情，加快癌症患者的死亡进程。

电磁辐射还有一个特征，不同的人或者同一个人在不同年龄段对电磁辐射的忍受力是不同的。青壮年更加耐辐射一些，而老人、儿童、孕妇却是对电磁辐射敏感的人群。很多研究表明，儿童患白血病的诱因之一就是电磁辐射。对女性来说，电磁辐射不仅损害皮肤健康，使皮肤粗糙、暗沉、长痘长斑，还会导致女性内分泌紊乱、月经失调。

小朋友们是不是在想，既然电磁辐射这么可怕，我们为什么不抛弃它呢？这是因为小到打一个电话，大到国家的军事国防和航天事业都离不开电磁辐射。没有电磁辐射，现代社会会一片混乱，生产也会

停滞，甚至瘫痪。而且，电磁辐射只有在人们安排不合理、使用不当的时候才会产生严重伤害。我们要利用好电磁辐射，除了让它为我们的生活工作服务，更重要的是采取恰当的手段和有效的措施，防止电磁辐射对我们造成伤害。

那么，我们应该怎样防辐射，防辐射都有哪些小技巧呢？

家电或办公设备的电磁辐射不可能消失，但是保持一定距离之后，辐射强度就没有那么大了。一般来说，我们要距离彩电四五米，微波炉开启后距离至少一米。

此外，电器的摆放也很有讲究。对于容易产生辐射的产品不要集

中摆放。卧室是我们休息的场所，更加不宜摆放电磁辐射强的家电。同时，各种电器、办公设备、手机的使用要有节制，长时间操作和多种设备同时操作产生的辐射强度会特别大。手机刚刚接通和只剩一格电的时候辐射比平常更大，如果方便的话，尽量用耳机接听。电脑最好安装上防辐射屏。

什么是液晶

液晶显示器在生活中是非常常见的，家里的笔记本电脑、电子钟、微波炉都有液晶显示屏，甚至连小小的计算器上也安装着简单的液晶显示屏。液晶显示器之所以被如此广泛地使用是因为它占用空间小、显示的画面清晰、色彩真实饱和。

同时它还省电，节约能源，而且散热少，可以延长设备的使用寿命，也令使用者更加舒适。最重要的是液晶显示屏无闪烁，少辐射，有利于眼部健康。

但液晶到底是什么东西呢？"液晶"这个词听起来就很奇怪，一般来说，像水晶这样坚硬的固体，我们才称为晶体，一种材料怎么可能又是液体又是固体呢？你们之所以会有这样的疑问是因为你不了解液晶的性质，只要你熟悉了液晶的特性，肯定会说物如其名。

一般人所熟知的物质可以有三种状态：固态、液态和气态，比如固态的水是冰，液态的水就是平常可以流动的水，气态的水则是水蒸

气。组成固体的各个分子像训练有素的排列成队伍的军人，每个分子排列的方向保持不变，同时分子的位置也不会随便移动，因此便呈现出固态。而液体中的分子就像下课后在教室里玩耍的小朋友，小朋友一会儿和前桌开开玩笑，一会儿向后桌借把小刀，甚至在教室里跑来跑去，也就是说液体分子可以变换方向，还可以在液体中自由移动。

而液晶则介于这两者之间，组成液晶的小分子，会像固体分子一样老老实实地保持它们的方向一致，但同时又能像液体一样移动到别的位置，打个比方的话就是排队一起跳兔子舞的小朋友。因此我们可以说液晶既不是固体也不是液体，也可以说液晶既有固体的某些性质也有液体的流动性。所以它才会有一个如此矛盾的名字。

液晶材料在我们日常生活中很常见，比如电子表的表盘和计算器的显示板等。计算器显示板是怎么显示数字的呢？这种显示板是一种液态光电材料，把计算器内部的各种信号转换成屏幕上可以看到的数字，是因为液晶具有电光效应。我们看计算器的时候会发现，出现数字的部分颜色比较深，屏幕其他部分颜色比较浅，这样就让数字变得比较突出了。这是因为液晶分子的排列顺序被打乱了，使得屏幕一部分变得不透明，有数字的那部分就被显示出来了。

可是，液晶到底是像固体、液体，还是像某种其他的物质呢？我们通过做实验发现，把物质从固态加工成液晶，需要吸收很多热量，但是把液晶变成液体只要再多加一点点热量，这说明液晶对液态更加亲近，对固态相对疏远。液晶的这个特点，也使得它对温度非常敏感。正因为如此，它还有两个有趣的运用呢！

第一个运用是一种有趣的装饰品，它有个好听的名字——心情戒

指。这种戒指曾经在20世纪70年代风靡一时，甚至一度成为时尚界的宠儿。顾名思义，心情戒指的特点就是当你把戒指戴在手上的时候，戒指的颜色会随着你心情的变化而变化。当然这种戒指没办法达到科学的精度，但是它们确实能反映出不同心情状态下的不同身体反应。深蓝色代表快乐、浪漫或热情，蓝色代表平静或放松，蓝绿色代表稍微放松，绿色代表正常或一般，琥珀色代表略微不安或焦虑，灰色代表非常不安或焦虑，黑色代表忧郁、紧张或痛苦。

那心情戒指是怎么做到根据佩戴者心情的变化而改变颜色的呢？

我们的情绪会影响我们的体温，当我们处于亢奋状态时，体温会上升；但当我们内心平静时，体温保持正常；当我们情绪低落时，体温可能会下降。

心情戒指中间所谓的宝石只是普通的空心玻璃壳，如果往玻璃壳中灌满热致液晶，它就成了最闪亮的宝石。液晶分子对温度非常敏感，会随温度变化而改变位置或扭曲。这种分子结构变化会影响液晶吸收或反射的光的波长，从而使宝石颜色发生显著变化。当我们的情绪发生变化时，我们的体温也发生了变化，戒指内侧首先感受到了这种变化，它马上把手指的热量传递给宝石中的液晶，由此显现出不同的颜色。小朋友们，你想不想拥有一枚这样的心情戒指呢？

不过，敏感的液晶也给液晶显示屏的户外使用带来不便，比如你在酷热的海滩上用笔记本电脑玩游戏时，电脑屏幕在高温下就会出现怪异的图案。

液晶真是一种好用又好玩的材料！

半导体的发现

按照导电能力的大小，物质可以分为导体、半导体和绝缘体。具有良好导电能力的物质叫作导体，导电能力很差或不能导电的物质叫作绝缘体，导电能力介于导体和绝缘体之间的物质叫作半导体。

说到半导体，小朋友们可能觉得很陌生。其实，半导体离我们并

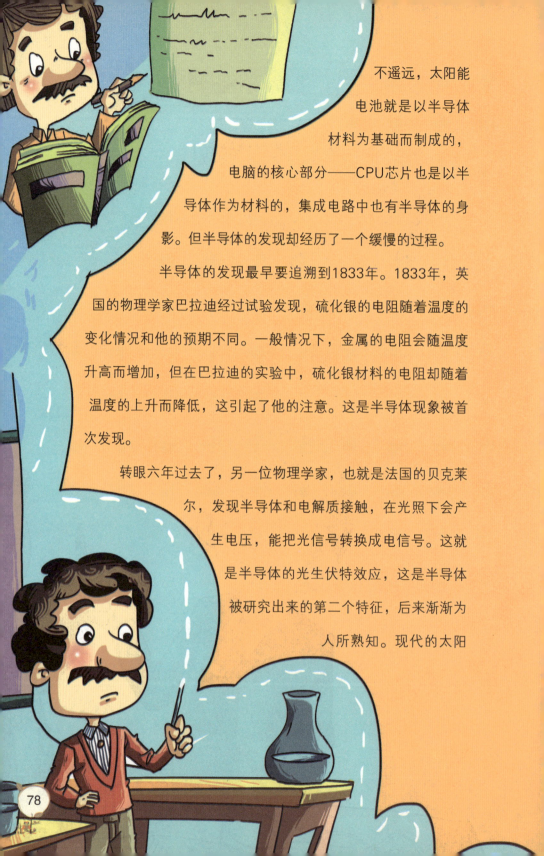

不遥远，太阳能电池就是以半导体材料为基础而制成的，电脑的核心部分——CPU芯片也是以半导体作为材料的，集成电路中也有半导体的身影。但半导体的发现却经历了一个缓慢的过程。

半导体的发现最早要追溯到1833年。1833年，英国的物理学家巴拉迪经过试验发现，硫化银的电阻随着温度的变化情况和他的预期不同。一般情况下，金属的电阻会随温度升高而增加，但在巴拉迪的实验中，硫化银材料的电阻却随着温度的上升而降低，这引起了他的注意。这是半导体现象被首次发现。

转眼六年过去了，另一位物理学家，也就是法国的贝克莱尔，发现半导体和电解质接触，在光照下会产生电压，能把光信号转换成电信号。这就是半导体的光生伏特效应，这是半导体被研究出来的第二个特征，后来渐渐为人所熟知。现代的太阳能电池就是依据这个原理发电的。

之后有很长一段时间半导体的研究没有新的突破。

1873年，一位英国科学家对半导体有一个新发现，在光照的条件下，硒晶体材料会增加电导，这就是光电导效应。

一年以后，对电导体的研究又有新的进展。一位德国的科学家在实验中发现硫化物的导电具有方向性。如果硫化物的两端都是正向电压，那么它就导电，反之，硫化物就不会导电。这就是人们发现的半导体的第三种特性，叫作整流效应。也是在这一年，另一位科学家很快发现了铜和氧化铜的整流效应。半导体的整流效应具有很大的价值，二极管就是根据这种特性发明出来的。

在1880年以前，半导体的一些特性陆

续被人们研究出来。不过这样的研究还处于独立阶段，没有形成一个系统的领域，人们还没有发现其实这是一个全新的研究领域，"半导体"这个名字也还没有出现。到了1911年，这种独特的材料才终于有了自己的名字，那就是"半导体"。1947年，人们总结出了半导体已经被发现出来的四个特性。

半导体的特性经历了一个较长的过程才被人们发现，这是因为过去的科技水平还没有那么高，实验仪器也没有那么先进，很多研究不能有效地进行。

半导体被人们发现以后被广泛应用于各种电子材料中。

电阻为零的超导体

根据物质的导电性能，可以把材料分为导体、半导体和绝缘体，这一点在前面我们已经学习了。但即使是导电性能良好的导体，在电流通过时也会受到一定的阻碍。我们用电阻来形容电流在材料中受到阻碍的程度。为了对

抗材料的电阻，电流在流经电路的过程中，会损耗一些电能——它们会被转换成热能，散发到空间中，这是对能量的浪费。那么，这世界上是否存在一种材料，它的电阻为0，电流可以畅通无阻，也不会平白损耗呢？

答案是肯定的，它就是超导体。

什么是超导体呢？材料在温度接近绝对零度的时候，物体分子不再有热运动，材料的电阻趋近于0，这就是超导体，而达到超导的温度称为临界温度。

那我们怎么证明超导体的电阻确实为零呢？与此相关的是一个叫昂尼斯的科学家和一个著名的昂尼斯持久电流实验。这个实验是怎么做的呢？

科学家们用铅制作了一个圆环，然后将这个圆环放在一个温度低于铅临界温度的空间中，同时利用特定的方法使圆环中有电流流过。这个实验是从1954年3月16日开始，到1956年9月5日结束的，整整经历了两年半的时间。在这两年半内，圆环中的电流持续不断，一点也没有衰减，这说明圆环内的电能并没有损失，而这种效果只有当电阻为0时才能达到。当科学家们将空间的温度升高，材料的电阻突然增大，持续了两年半的电流突然就消失了。由此证明了超导体的零电阻效应。

　　那超导体是怎么被发现的呢？

　　其实，超导体的发现最开始只是一个意外。卡茂林·昂尼斯是荷兰著名的莱顿大学的教授，1911年，在一次实验中，他不断给汞降温，当汞的温度下降到零下268.98摄氏度时，汞的导电性能发生了质变，汞的电阻突然消失了。这种现象引起了卡茂林·昂尼斯的极大兴

趣，他继续做实验，后来又陆续发现其他许多金属和合金也会出现类似现象。卡茂林·昂尼斯把物质的这种状态称为超导态。这是一项伟大的发现，昂尼斯教授也因此获得了1913年的诺贝尔奖。

这项发明也引起了科学界甚至其他领域的广泛关注。人们把处于超导状态的导体叫作超导体。导体的电阻消失，电流经过超导体时就不会发生能量损耗，从而产生超强磁场。

超导体还有另外一个非常显著和特殊的性质。1933年，同样是荷兰人的两位科学家——迈斯纳和奥森·菲尔德发现，当金属处在超导状态时，超导体内的磁感应强度为0，这意味着金属内部原本存在的磁场消失了。人们将这种现象称之为"迈斯纳效应"。关于这个性质，同

样有实验可以证明。在一个浅平的锡盘中，放入一个体积很小但磁性很强的永久磁体，然后把温度降低，使锡盘出现超导性，这时可以看到，小磁铁竟然离开锡盘表面，慢慢地飘起，悬空不动。迈斯纳效应可以用来判别物体是否具有超导性。

超导体的发现之所以让人们兴奋不已，是因为超导体技术和超导体材料有着广阔的应用前景。

超导材料的零电阻特性可以用于输电和制造大型磁体。在高压电从发电厂输送到各个用电单位的过程中，由于电线中金属的

电阻，往往会造成很大的损耗，而利用超导体则可最大限度地降低损耗。

超导现象中的迈斯纳效应如果应用于交通业，将引起交通工具的一次大变革。现在交通工具的速度很难提高，原因在于它们的大部分动力都用来克服车体与路面摩擦造成的巨大阻力，但如果利用迈斯纳效应制造超导列车和超导船，车体和船体将悬在轨道上空，它们不会和轨道直接接触，因此超导列车和超导船可以在无摩擦状态下运行，这势必大大提高车船的速度和静音性。20世纪70年代，超导列车就已经成功地进行了载人可行性试验。自1987年开始，日本开始试运行超导列车，但经常出现失效现象，出现这种现象可能是由高速行驶产生的颠簸造成的。1992年1月27日，超导船下水试航，目前尚未进入实用化阶段。

但阻挡超导体进入我们的生产生活，为我们服务的一个最大障碍就是温度。只有处于超导状态，超导体才具有这些特殊属性，但目前发现的大部分超导体需要在超低温下才能达到超导状态。在实验室，科学家们可以轻松制造出低温环境，但在生产生活中大规模制造低温的极端环境是很难实现的，因此超导体一直没办法被广泛应用。但科学家们满怀着热情，孜孜不倦地探索着新的超导体，期待着有一天能让超导体能广泛为人类所用。

等离子体是什么

物体除了固态、液态、气态以及我们之前学到的液晶状态，还有其他状态吗？液态物体加热会转换成更为自由的气态，如果把气体继续加热，物体会发生新的变化吗？

我们所见到的物质是由分子组成的，而分子则由更小的原子组成，原子又可以分裂成原子核和电子。科学家们发现，当温度持续升高到一定的阶段，构成气体分子的原子就会分裂，形成独立的原子。随着温度进一步上升，原子中的电子就会从原子中脱离出来，整团气体物质就变成逸散在空间中的带正电荷的原子核和带负电荷的电子，这时候物质的状态就被称为等离子态。

　　小朋友们肯定见过等离子体，只是打了照面却不认识而已。每当天黑以后，城市就亮了，五光十色的霓虹灯把城市装点得分外美丽，你们是否曾和爸爸妈妈俯瞰过都市的夜景？神州系列飞船的升空是每个中国人的骄傲，提供巨大动力送宇航员们上太空的是火箭，在电视报道中你是否注意到火箭喷出的大量气体？你们和爸爸妈妈逛商场的

时候，肯定接到过不少广告宣传单，买电视的商家强调他们卖的是等离子电视，等离子到底是什么呢？你们可能还路过维修厂，看到电焊枪射出的电弧可以熔化金属呢！上面提到的霓虹灯，火箭喷射的气体，等离子电视，电焊用的电弧都含有等离子体，但它们只是人造的等离子体。

在自然界我们也能见到许多等离子体，比如火。火焰最外层的部分是整个火焰温度最高的地方，这里面就有等离子体。雷雨天气，在

下雨之前天空被乌云笼罩，这时候有几道闪电划破长空，真的有点吓人，其实闪电里也有等离子体呢。

等离子体是宇宙中最常见的一种物质状态。虽然它分布得并不密集，但目前科学家们观测到的宇宙物质中，99％都是等离子体。可以说，除地球表面以外，等离子体是几乎所有可见物质的存在形式。我们赖以生存的太阳就是由等离子体组成的，还有星际之间的大量物质，如太阳风、星云、星团，无一例外都是等离子体。

等离子体分为低温等离子体和高温等离子体。

太阳风

风指的是空气的流动，但太空中是没有空气的，因此太阳风并不是指从太阳刮来的风，而是从太阳上层大气中射出的超声速等离子体。爱好天文的小朋友们可能知道彗星，比如最著名的哈雷彗星。彗星出现的时候总是拖着长长的尾巴，其实彗星的尾巴就是太阳风作用的结果。

等离子电视

等离子电视机就是利用等离子放电来显示图像的电视机。这种电视机以等离子管为发光材料，屏幕上有非常多的等离子管，每一个等离子管对应图像的一个像素。具体来说就是屏幕上有许多密闭的小房间，每一个房间里都住着混合的惰性气体。当小房间里形成电压时，里面的惰性气体就变成等离子状态，同时伴随着放电的现象。它们放电的时候会向外发射出紫外线，紫外线激发荧光屏，荧光屏发出可见光，于是屏幕上就显示出图像来了。

智能冰箱真贴心

随着经济的发展，人们的消费水平也大大提高，越来越多的消费者热衷于追求更高品质的生活享受。妈妈们希望她们的冰箱可以为她们做更多的事，希望冰箱容量更大、更智能、更环保。这个市场需求促进了科技的进一步发展，科学家们研发出了智能冰箱，智能冰箱将逐渐成为未来家电市场中的主流产品。

小朋友们是不是已经按捺不住，想了解智能冰箱到底有哪些智慧呢？

随着生活节奏的加快，很多人不再每天出门买菜，而是习惯一次性购买大量的蔬菜水果，但是保鲜问题也随之而来。智能冰箱和传统冰箱相比具备多项独门保鲜秘技，能轻松地解决健康隐患，让人们在炎炎夏日能轻松享用到新鲜的食品。

我们知道水低于零度就会结冰，这一点可给妈妈们带来了麻烦。食物全部结冰以后内部的结构遭到破坏，破坏了食材的口感，而在食材解冻的时候用锤子锤不裂，用刀切不进去，用水化开也很花时间，妈妈们总是为解冻急得团团转。但智能冰箱独有的"软冷冻"技术，能够让食物和饮品在零下5摄氏度时也不结冰。而另外的"瞬间冷冻"功能可对食物进行急速冷冻，锁住食物当中的水分与养分不流失，从而有效避免了食物在解冻时所造成的营养流失，既保证了食物的营养，又能让食物新鲜美味。

　　"活水保鲜系统"也是智能冰箱的保鲜秘技之一，这个系统通过真空电离子将水分净化后喷射到食物表面。冰箱内的智能温度系统可以根据冰箱区域的不同制造出不同的温差，这种温差是冰箱内部气流的轻轻振动形成的，就犹如千万只水润小手持续为果蔬做按摩，减少了果蔬细胞壁的破裂，不但彻底解决了传统冰箱容易风干食物、失去水分的问题，还提升了果蔬保鲜质量，真正实现水润无霜。有些智能冰箱甚至可以在某个区域提供内部光照，让果蔬拥有更多维生素，使果蔬在保持原有味道的基础上更添一份营养。

智能冰箱在保鲜技术上的创新，充分满足了消费者对于食物营养保鲜的高要求。智能冰箱在保持冰箱内部环境上也有其独特的优势。有一种辅银抗菌除臭技术，可以使冰箱拥有"全蓝光抗氧脱臭系统"，自动将冰箱内导致异味的污染物分解成二氧化碳和水，保持冰箱内部环境更加清洁健康，完全不用妈妈们自己亲自动手除臭。

社会发展到今天，低碳环保的理念深入人心。而智能冰箱比普通冰箱更低碳、能耗更少、更环保。

这要归功于智能冰箱的智能节能模式，将智能冰箱设置为这种模式，冰箱就会进入自动省电模式，节能运转。智能冰箱还可以根据温

度设定及柜门的开闭频率等判断最近24小时的节能标准，每七天收集一次主人使用冰箱的习惯信息，并以此来智能调节、设定冰箱的节能参数，真正做到智能省电。同时，有些智能冰箱在内部多处安有温度感测器，在夏季频繁开关冰箱门后，可迅速灵敏地感知冰箱内部及周围温度的细微变化，进行温度调节，均衡因开关门导致冰箱内部产生的显著温差，从而保持食物时刻新鲜。即使在炎炎夏日，食品保存也让人放心。

但智能冰箱最具特色的还是它的食品管理功能。

我们知道，即使冰箱的保鲜功能再强大，食物能保存的时间也是有限的，冰箱只能延迟食物的腐败，不能永久地保持食物的新鲜。这

时候我们就要从冰箱里取出过期的食品丢掉，可是冰箱里的东西那么多，我们怎么能记得哪些食物已经过期了呢？冰箱里总有一些常用的食材，有的时候我们有急用，却发现里面已经没有库存了，怎样才能避免这种情况的发生呢？有的家庭有病人，为了身体的健康，根据医生的建议，有些东西最好不要食用或过量食用，但总有家人忘记，如果冰箱能给出提示该多好！这些，智能冰箱都能帮我们做到。

不过，你如果想让智能冰箱能实时监测冰箱内的食物并为用户提供科学的饮食建议，必须先把食品的信息如存储食物的保质期、食物特征、产地等，告诉智能冰箱。我们有很多方法来完成这些工作，比如可以选择条形码、实物扫描输入、自动识别等方法，智能冰箱甚至可以记忆食品信息呢。

之后，智能冰箱就会对食物的保鲜周期进行全程监管。智能冰箱还可以通过一个平台与手机远程连接，当冰箱中的某种食物没有了，或者某种食物过期了，它都会发短信提醒我们。对于有些食物，它还会提示最佳食用的时间，这样就不会造成不必要的浪费。此外，智能冰箱甚至还能与超市相连，让消费者足不出户就能知道超市货架上的商品信息。

而对某些病人来说，当其通过键盘输入有关自己身体状况的资料后，智能冰箱就会对放入其中的食物进行自动扫描，当使用者打开冰箱时便能自动提示使用者哪些食物少吃或最好不吃。更复杂一些的，我们可以在智能系统中输入诸如菜谱管理、食物搭

配指南等信息，然后冰箱智能地根据主人放入及取出冰箱内食物的习惯，制订合理的膳食方案。当然厨房的安全也很重要，智能冰箱还能充当厨房的安全卫士，可以给它安装自动警报系统，随时监测厨房中煤气的浓度或者温度，一旦有危险就发出警报，让人们远离火灾和煤气中毒。

如果你感觉在厨房呆久了太闷，我们完全可以给智能冰箱加入娱乐功能，冰箱也可以放音乐、收听广播，甚至可以网上聊天。小朋友们，智能冰箱的用处可真大啊！

你知道吗?

冰箱与氟利昂

以前的冰箱以氟利昂为制冷剂，但是氟利昂泄露到空气中会破坏地球的臭氧层，威胁人类的健康和生物的生长，因此人们提倡使用无氟冰箱。

中国第一台冰箱

中国第一台冰箱在1956年研制成功，它的研发厂商是北京雪花冰箱厂。

没有火也能煮饭的电磁炉

通常来说食物的加工都依赖火，厨房里的火可以来自木材、煤炭、煤气等等。但一种厨具的发明再一次改变了食物加工的历史，让食物加工终于摆脱了对火的依赖。这项引起厨房革命的发明就是电磁炉。

1957年，德国的杜磊勒发明了电磁炉，这距今已经有半个多世纪

了，那么电磁炉和传统的厨具相比到底有什么优势呢？

电磁炉的优势首先表现在热效率上。什么叫热效率呢？热效率就是对能源产生热量的利用程度。热效率高意味着所产生的热量大部分用在关键点上，也就是对食物的加热上。热效率低则意味着产生的热量有些浪费在了加热食物之外的地方。传统的炉具，如电热炉、石油气炉、煤气炉及电饭锅，它们的加热原理就是先烧红锅的底部，锅底部的热量直接传递给锅内的食物进而煮熟食物，热量就浪费在加热所用的器皿上。同时，火离锅有一定的距离，还有一部分热量浪费在燃烧空气上，因此传统炉具的热效率很低，只有40％~60％，也就是说所产生的热能真正用于加热食物的只有一半上下。传统炉具的这个缺点的直接后果就是所煮的食物熟得慢；而电磁炉的热效率高达95％，因此和传统炉具相比，电磁炉往往更节能。

厨房最怕的就是火灾。但电磁炉却可以免除我们的后顾之忧。电磁炉的使用效果与煤气灶完全不同，在使用过程中它既不会产生明火，本身也不会发热，因此绝不会如其他灶具那样容易导致火灾发生。同时电磁炉的能量来源是电能，也就不存在因泄漏煤气而引发的种种事故，所以电磁炉比传统厨具更加安全。

　　保持厨房的干净整洁是所有家庭主妇和厨师的心愿。可是传统的厨具以煤炭、天然气、煤气为能量来源，在燃烧的过程中，它们会产生大量油烟，黏附在墙壁和其他家具上，难以清洁。而且传统燃料的燃烧会释放有毒的一氧化碳、二氧化硫，如果被人体吸入，会影响人的健康，严重的时候还会致命呢！但电磁炉却可以让厨师们专心烹

调他们的美食，因为电磁炉在加热时，不会释放任何物质，无火、无烟、无味，也不升高室温，更不会污染厨房空气。而在夏天电磁炉的优势就更明显了，它工作时不会产生明火，整个厨房空间清爽舒适，厨房里的人就不用和锅里的食物一起饱受煎熬了。

　　不知道小朋友们有没有自己动手煮过东西，知不知道煮东西最重要的是什么？其实煮东西最重要的就是掌握火候，掌握好火候才能烹调出美味佳肴，但使用传统厨具却不易掌握火候。一名学徒往往要跟着师傅学习很久才能出师，电磁炉却可以使掌握火候傻瓜化，我们

可以用按键准确而简单地调节、设置烹饪温度，以适应不同的烹饪要求。这样，不管是专业的厨师还是普通的家庭主妇都可以轻轻松松掌握火候，让烹调出来的食物色香味俱全，呈现出完美的状态。

此外，电磁炉还是一个全才呢！相比微波炉、电饭煲的功能单一，电磁炉会的可多了，煎、炒、炸、煮、炖对它来说全都不在话下。如果是功能单一的电器，为了完成全部工作就需要购买多种电器配合使用，这样不仅不经济而且特别占用厨房空间。但电磁炉却一个顶多个，自己就可以完成多种工作，绝对是一个能干的复合型人才。

在家人团圆的日子里，小朋友们一定有一家人围着桌子吃火锅的经验，只要插上电，电磁炉就可以放上桌子哦！除此之外，在禁止用

火的场合比如加油站、酒厂车间、仓库，如果你想安全地煮点东西的话，它可以助你一臂之力哦！

电磁炉为什么会有这么强大的烹调功能，又能避开传统炉具的缺点呢？下面让我们揭开电磁炉的神秘面纱！

电磁炉应用的是电磁感应原理。电磁炉的内部有复杂的电子线路板，当插上电以后，内部的电子线路板会产生一个磁场。当铁制锅具放置到炉面上时，锅具就和下面的磁场垂直。根据电磁感应原理，在这种情况下，锅具就会产生涡流，涡流使锅具中的铁分子开始做高速无规则运动，分子之间互相碰撞、摩擦，进而产生热能。也就是说提供热能的不是电磁炉本身，而是和电磁炉磁场发生作用的锅具本身。

电磁炉不产生明火，煮东西快，安全可靠，小巧，不占地。在一些国家，电磁炉还享有"烹饪之神"的美誉呢。

GPS

GPS在这几年是一个很热门的词汇，因为它的应用非常广泛。

到底什么是GPS呢？GPS是英文Global Positioning System的简称，意思是全球卫星定位系统。全球卫星定位系统原本是基于军用目的而被发明出来的。但其实，它包括民用的标准定位服务和军用的精确定位服务。其中的民用定位系统，只要拥有GPS接收机就都可以使用，不需另外获得许可，也不用另外付费。经过多年的发展，GPS的民用功能得到了淋漓尽致的发挥，它成功渗透到了各个领域，创造出前所未有的商业价值。

汽车里的GPS导航系统，是居家旅行的好帮手。它可以帮助我们定位，同时告诉我们周围环境的详细信息，比如前方的路况如何，最近的加油站、饭店、旅馆在哪里等等。这意味着我们可以避开拥挤的路段，可以很快地找到加油站等地，它甚至还可以帮我们分析出最佳的行车路线。这对于刚刚学会开车的新手和对路况不熟悉的人可是一个好消息。如果出租车司机配备了这个高科技产品，不管客人要去多么偏僻或难找的地方，都不用怕了。在GPS的帮助下，迷路这种事情发生的概率会大大降低，就算GPS的信号中断了，我们也不用害怕，因为导航系统会将我们的行车路径记录下来，如

果迷路的话，我们还可以从原路返回。

当然，GPS远远不止这些功能。GPS用于交通工具导航，可以给天上飞的飞机进行航线导航，给地上跑的各种小汽车、大货车、面包车进行地面导航，可以给海里的船舶进行远洋导航。当然了，在个人外出旅游和野外探险的时候，它也可以为个人保驾护航。不过GPS的导航功能中最厉害的是武器导航。每个国家都会发展武器来保护自己的国土和国民的安全，这就叫作国防建设，国防力量是国家发展水平的重要指标。现代社会对武器的要求也越来越高，不仅要求其射程越来越远，投射也要越来越准确。

而GPS可以帮助我们满足这个要求。当今的精确制导炸弹和巡航导弹都用到了这项技术。

而GPS的定位功能也不仅仅在于告诉我们身处何处，生活中可以用到它的地方多着呢！GPS的定位功能首先可以用于防盗，比如车辆防盗。通过GPS防盗系统对汽车位置的追踪，我们自己就可以提供具体信息给警察，以便迅速找回失窃汽车。一些贵重的电子产品比如手机也可以用GPS防盗系统防盗。但是你可以想象一下，这个功能也不止用于防盗，你如果忘记把手机放到哪里去了，GPS也可以帮我们的忙。

另外，GPS的定位功能还可以用于寻找失踪人员。儿童、有精神障碍或智力障碍的特殊人群、宠物，他们不能照顾好自己，随时需要别人的监护，但总有监护人员疏忽和监护不到位的时候，他们就很可能走失，走失后他们没有能力找到家，也不知道求助他人，更不能保护和照顾好自己。如果有一个设备可以随时告诉我们他们的位置，那该多好啊！GPS就可以轻松解决这个问题。GPS可以让监护人随时和他们保持联系，更利于监护，走丢后也更容易找回，不仅提高了安全系数，也节省警力，间接创造经济效益和社会效益。而且GPS防走失系统可以做得很小巧，把它内置在颈环、手环、胸针，甚至鞋子里面，携带非常方便。

除此之外，GPS还能用于精确定时。如果小朋友们的手机或者手表不准了，会用哪里显示的时间校准呢？肯定是电视机吧！为什么电视台的报时让我们这么信任呢？因为电视台就是用GPS定时的呢。每一个GPS卫星都装有多台原子钟为GPS信号提供精确的时间数据，由于这个时间数据精确，所以经常被天文台、通信系统基站、电视台所引用。

GPS的优点大家有目共睹，这些优点可以总结为以下几个方面：不受天气等外界条件的影响，每天可以连续工作二十四个小时；覆盖范围广，地球上每个地方几乎都被GPS系统覆盖；不管在什么时间什么地点，GPS都可以精确地定时定位；工作效率高，哪怕是在快速移动中也能迅速得出结果。

为什么GPS具有这么强大的功能呢？这是因为GPS系统具有复杂的内部系统，这些复杂的系统主要可以分成三个部分，分别是空间星座部分、地面监控部分和用户设备。

在空间星座方面，环绕地球的太空中一共有6个轨道平面，人类在每个轨道上安置了4颗人造卫星，一共有24颗卫星。不过并不是每一颗卫星都在工作，其中有3颗是作为备用的，平时是没有工作的。当地球上的GPS定位信号发送到太空中出现意外时，正在工作的卫星没有正常得出结果，备用的3颗卫星就会发挥作用，这样才能确保系统无误。从太空中拍摄的照片可以看到，地球外部被这24颗卫星包围住。别看只是一

个简单的包围，这种排列布置可一点儿也不简单，为了能确保地球上任何一个地点都能看到至少4颗卫星，科学家花费了大量的时间和心血，才研究出这样一种排列结果。

卫星要持续工作需要电力支持，所以上面装着太阳能电池。为了能够随时和地面信号保持联系，卫星上还装着许多天线。

在地面监控方面，地面上设置了一些监控站，其中有一个总管的主控站，它位于美国科罗拉多州的谢里佛尔空军基地，负责监管地面的监控系统。另外还有四个地面天线站和六个监测站，这些站点互相配合，共同完成任务。在工作的过程中难免会出现一些紧急状况，为了解决这些问题，人们还设置了一个备用主控站。

主控站会把地面上得到的各种信息汇集起来，再把这些信息注入到相应的卫星。为了完成这样的注入工作，科学家设置了专门的注入站。现在全球设置的注入站一共有四个，南太平洋的一个群岛上有一个，太平洋上的一个小岛上有一个，印度洋上的一个小岛上有一个，美国的科罗拉多州也有一个。

除了把主控站的信息注入到相应的卫星以外，注入站还具有检测的作用，所以也叫作监测站。监测站主要是收集卫星上的数据和地面数据，再把这些信息发送到主控站。地球上的监测站一共有六个，除了上面介绍的四个以外，另外两个分别在夏威夷和卡纳维拉尔角。

用户设备方面，就是人们常见的GPS设备机器了，这些设备是一个接收器，收集从卫星上传来的信息，计算出所在位置的详细信息。

在这三个部分的共同合作下，GPS系统才能完美地发挥作用。

带来美妙声音的
天使——助听器

小朋友们能听见许许多多美妙的声音，无论是布谷鸟清脆的鸣叫，还是电视节目里欢快的歌声。可是，爷爷奶奶老了，耳朵听不清楚了怎么办呢？别怕，神奇的电子技术就在你的身边，它可以帮助爷爷奶奶清楚地听见你的声音，这个神奇的宝贝名叫"助听器"。

小朋友们是不是很好奇，为什么"助听器"有这么神奇的力量？别急，接下来就是见证奇迹的时刻。

在市场上挑选助听器的时候，会发现有各种各样的类型。不管这

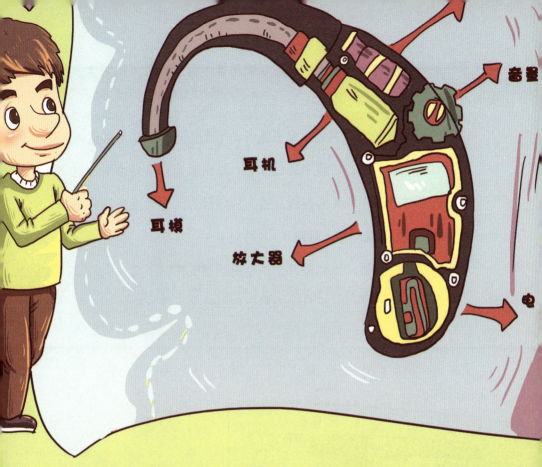

耳机

耳模

放大器

音量

电

些助听器的外形是什么样，内部工作的原理都是一样的。简单来说，助听器的功能就是把声音放大，外面的声音通过助听器到达耳朵，声音的音量已经变大了很多。就像放大镜能够把图形放大一样，这样我们就能看到小小的图形了。

那么这个声音是怎么放大的呢？外部的声音不能直接放大，需要进入一个设备后转换成电信号，通过电子技术把信号修改，再放出来的声音就达到了放大的效果。人们就把这种设备改良，制作成能够被携带的助听器。在助听器内部，实现声音转换的这个部分叫作输入换能器，通过传声器接受外部的声音，转换成电能再发送到放大器，电能信号在放大器里被修改放大，最后从输出换能器里出来，就变成放大的声音了。

这个时候小朋友们是不是又搞不懂了，怎么还有一个输出换能器啊？这到底是什么东西？让我来告诉你吧，输出换能器从外表看就是一个耳机，当然内部还有其他构造。放大的信号进入输出换能器后，再通过耳机传送出来就能被人听到了。

既然是电子助听器，那么电源当然是助听器工作时不可缺少的部分了。此外，听力不好的人所听到的声音大小程度也是不同的，为了适应不同的病人，助听器里面还设置了自动增益控制等装置。

不知道小朋友们有没有亲眼见过"助听器"呢？除了爷爷奶奶年

纪大了，耳朵不好使了，需要它来帮忙，还有没有其他人也需要它呢？答案是肯定的。有的小朋友是幸运，能够健健康康地快乐成长，可是，这个世界上还有一些小朋友是不幸运的，他们天生就患有耳聋，不能像正常人一样清楚地听见声音，或者还有一些小朋友由于发烧，使听力受到影响，这个时候他们就很需要助听器的帮忙了。既然助听器是帮助人们听见声音的，那它应该放在哪个位置呢？小朋友们猜猜看！没错，当然是戴在耳朵上喽。

根据戴在耳朵上的部位不同，助听器分为耳内型助听器和耳道型助听器。

耳内型助听器有许多特点，比如可以适合不同的儿童，戴上和拿下都很方便，收集外部声音的功能很强大，不容易被别人看到，不会影响人们打电话，睡觉的时候也能戴着，声音的大小可以根据患者的听力情况作调整。

耳内型助听器要戴在耳朵里面，小朋友们是不是在怀疑戴上后会很不舒服呢？其实，耳内型助听器可以说是所有助听器中最舒服的一种了。更重要的是，这种助听器放大声音的效果非常好。小朋友们有没有发现，在和别人说话的时候，有时候明明听到了声音，却还是不能明白其中的含义。这是因为，我们都误以为一个字只有一个音，其实这种观点是错误的，一个字可以有好几个不同的音。通常情况下，如果人的听力正常，可以直接听到所有的音，在听力上就不会有障碍。如果听力出现问题，特别是高频率带的问题，听到的就是一种有

损失的声音，一部分声音不能被听见，这种微弱的声音让人往往不知道别人在说什么。助听器会把声音放大，让人们听到完整的声音。所以说，助听器只是起辅助作用，并不能从根本上修复人的听力。

此外，耳内助听器还有一个优点，就是麦克风所在的位置。从助听

器的原理来看，都是起到把外界声音放大的效果。在外部环境中，除了人们要听到的声音外，还有一些不想听到的噪音。一般要听到的声音是高频率的，而噪音是低频率的，助听器工作的重点就是把这些高频率的声音放得更大。可是有的时候噪音的音量比较强，同时被放大后噪音就会更加大，把人们想听到的声音覆盖住了。普通的助听器就有这样的缺点，耳内助听器却很好地解决了这个问题。耳内助听器的麦克风放在耳道口处，这里是高频率声音最强的地方，可以最大程度识别高频率声音并放大，避免被噪音覆盖住。

　　说了这么多，小朋友们明白了吗？其实助听器并不是那么深奥和难以理解的。